塑料大棚辣椒高产高效栽培技术

王帅　主编

中国农业出版社

图书在版编目（CIP）数据

塑料大棚辣椒高产高效栽培技术/王帅主编．—北京：中国农业出版社，2015.11
ISBN 978-7-109-21071-4

Ⅰ.①塑… Ⅱ.①王… Ⅲ.①辣椒—温室栽培—高产栽培—栽培技术 Ⅳ.①S626.5

中国版本图书馆CIP数据核字（2015）第261310号

中国农业出版社出版
（北京市朝阳区麦子店街18号楼）
（邮政编码 100125）
责任编辑 李 夷

中国农业出版社印刷厂印刷 新华书店北京发行所发行
2015年12月第1版 2015年12月北京第1次印刷

开本：787mm×1092mm 1/32 印张：2.625
字数：52千字
定价：10.00元

主　　编　王　帅

副 主 编　李红岑　徐　进　王铁臣　李新旭

参编人员　赵　鹤　王艳芳　张瑞芬　王娟娟

李斯更　王亚慧　齐　燕　王广世

刘建伟　商　磊

序言

辣椒是广大消费者喜欢的主要蔬菜之一，自改革开放以来，我国的日光温室、塑料大棚等设施辣椒栽培有突飞猛进的发展，栽培面积稳定增长，栽培技术水平显著提升，基本形成辣椒品种的多样化和安全产品的周年均衡供应。设施辣椒的优质、高产对于菜农效益提升和人民健康保障均有重要意义。

北京市农业技术推广站为了全面提高设施蔬菜的生产技术水平，促进全市设施蔬菜产业的健康发展，2008年以来，围绕春大棚、秋大棚和冬季日光温室，以辣椒、黄瓜、番茄等作为重点作物，开展了高产高效的创建工作，在全市建立了多个高产高效示范点，组织各种形式的现场观摩和技术培训活动，聘请了专家顾问团指导工作，派遣了本站的技术人员长期在示范基地蹲点，开展试验、示范，并对生产技术能手的经验进行分析，总结出操作性强的实用技术，对提高全市的设施蔬菜技术水平起到了积极的推动作用。

本书编者深入生产实际，针对设施辣椒产量效益较低等问题，通过与其合作者积极组织并参加设施辣椒高产高效创建工作，积累了丰富的设施辣椒栽培的实践经验。《塑料大棚辣椒高产高效栽培技术》，不仅体现了较强的实用性和文字的通俗性，而且从市场价格变化规律及辣椒市场供需平衡切入，以生产者获得最大收益为出发点，从塑料大棚亩产1万千克以上的典型经验着手，剖析数据的科学合理性，总结出设施辣椒高产高效的关键技术。

纵观全书，内容丰富、图文并茂，既有试验结果的科学分析，又有生产实际的经验总结，可供广大生产者和科技人员参考，以保障设施辣椒优质高产。本书的出版，将满足广大设施辣椒种植者对新技术的渴求，也是对北京市乃至全国的设施辣椒高产高效生产做出的贡献。

中国农业科学院蔬菜花卉研究所　研究员

张志斌

2015年6月19日

前言

辣椒原产于中南美洲热带地区，原产国是墨西哥，从墨西哥到秘鲁，古印第安人在不同地域纷纷驯化了这种作物，15世纪末，哥伦布发现美洲之后把辣椒带回欧洲，并由此传播到世界其他地方，早于公元前7500年已用作烹调食品。明代末期，由海路从美洲的秘鲁、墨西哥传入中国。今中国各地普遍栽培，成为一种大众化蔬菜。

辣椒属为一年或多年生草本植物。辣椒中含有丰富的维生素C、β-胡萝卜素、叶酸、镁及钾，同时辣椒中的辣椒素还具有抗炎及抗氧化作用，有助于降低心脏病、某些肿瘤及其他一些随年龄增长而出现的慢性病的风险。另外辣椒不仅仅是它的辣味能够刺激我们的食欲，而且对于温胃驱寒有很大的功效，对于治疗消化不良也有很好的效果。其较高的药用价值和食用价值使其深受消费者喜爱，也使其成为人们餐桌上的主要蔬菜之一。据统计，2014年北京郊区辣椒播种面积1.3万亩，占蔬菜播种面积的4.3%。

为了提高北京郊区辣椒生产技术水平，从2008年起，北京市农业技术推广站围绕春大棚、塑料大棚越夏一大茬和冬季日光温室三大茬口，开展了高产高效创建工作，截至2014年年底累计建立市级辣椒高产高效示范点114个，组织各种新式的现场观摩、技术培训83期次，对全市设施辣椒技术水平的提升起到了积极的推动作用。主要表现在：一是示范点均产再创新高、最高单产实现突破。2013年春大棚示范点亩均产4 855.88千克，较2012年同期增产12.83%；塑料大棚越夏一大茬示范点亩均产12 517.95千克，较2012年同期增产4.39%，最高产量达到16 543千克。二是新品种新技术得到了广泛应用，技术水平不断提升，累计筛选并主推辣椒优良品种2个、实用技术7项，上述主推品种与主推技术的示范应用，促进了增产增效。如春大棚、越夏一大茬示范点技术应用率达到了43%，避免了土传病害的危害，同时较自根苗生产平均增产15.7%；应用多层覆盖技术使辣椒平均定植期提前10～15天，果实提早上市11～20天，亩增产1 500千克以上，亩增收3 000元以上。

近年来的高产高效创建及试验示范工作的开展取得了较为显著的成效，为了进一步普及和分享高产高效的技术经验，特编著本书，以便为广大农户和基层技术人员提供参考。由于成书时间仓促，错误和疏漏之处在所难免，敬请广大读者批评指正。

本书承蒙全国著名蔬菜专家、中国农业科学院蔬菜花卉研究所研究员张志斌先生热忱做序，得到现代农业产业技术体系北京市果类蔬菜创新团队的支持，在此深表感谢。

编　者

2015年6月

目录

第一篇

稳　妥　赚　钱

第一讲　种前先要看市场，摸清规律收益高

专题一　市场价格走势

市场产品价格主要由产品的供需平衡决定，随着我国人口总量的增速趋缓，产品需求量增速减缓，市场产品供应量成为影响市场价格的主要因素之一。因此及时了解市场产品供需情况及价格走势，摸索市场变化规律，以“人无我有，人有我优”的生产经营策略获得最高的收益。

对于设施蔬菜生产亦是如此，“赚钱”是设施生产的最终目的，而如何才能够赚钱、且赚到最多的钱，则需要我们在生产前进行精确的计算衡量，做到心中有数。根据农业部信息中心统计数据显示（图 1-1），2013 年 6 月至 2014 年 5 月，北京、河北、山东 3 个地区辣椒的平均大众价格为每千克 4.28 元；3 个地区的平均最高价格为每千克 4.74 元；3 个地区的平均最低价格为每千克 3.84 元。华北地区按照每亩* 地

* 亩为非法定计量单位，1 亩＝1/15 公顷。

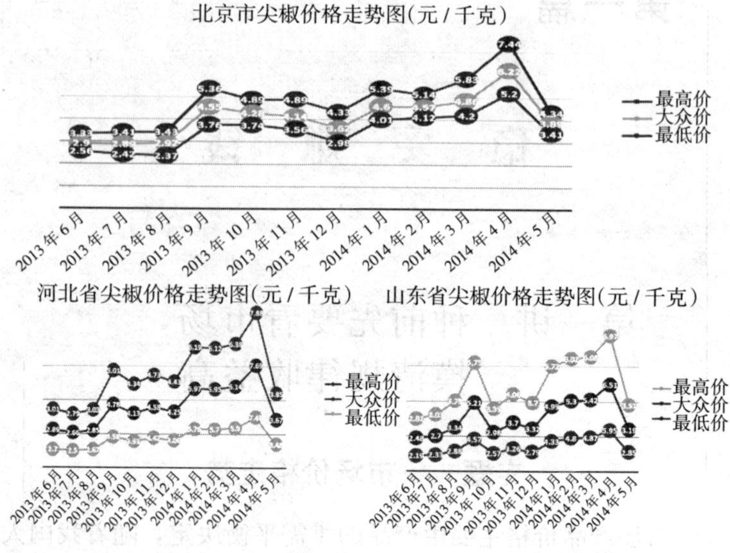

图 1-1 2013—2014 年北京、河北、山东辣椒价格走势图

（数据来源：农业部信息中心）

辣椒最低产量为 2 500 千克计算，每亩地（扣除成本 3 000 元）最低可赚 6 600 元；如按照目前设施辣椒每亩平均最高产量 7 000 千克计算，每亩地（扣除成本 3 000 元）最高可赚 3.02 万元（注：部分农户每亩地产量高于该平均产量，可达到 10 000～14 000 千克，甚至更高）。

根据近年来辣椒市场价格变化规律可明显看出，辣椒市场价格（大众价）在 9 月至次年 4 月较高，尤其是在 1 月至 4 月期间，可见该段时间产品供应量不足。造成这种现象的主要原因为辣椒为喜温作物，受华北地区冬季气候低温寡照的影响及设施条件限制，辣椒冬季生产困难，生产成本高、对设施条件要求高、种植面积小，产品供应量不足。华北地区日光温室保温性好，可采取补温的日光温室可进行越冬茬生产，6月底7月初播种育苗，7月底8月初定植，9月中下旬开始采收至次年6月拉秧。对于塑料大棚可采用越夏一大茬抢早生产，3月初定植，4月中下旬采收至11月初拉秧；同时采用多种方式使产品采收集中在8月至11月价格相对高的时期以获得最大收益。

专题二　华北地区不同设施类型辣椒上市时间

随着我国设施蔬菜的不断发展，设施生产面积不断扩大，但生产主要以家庭式独立小规模生产为主，我国疆域辽阔，南北气候差异大，茬口多样，以华北地区为例：

一、日光温室茬口及上市时间

日光温室是节能日光温室的简称，又称暖棚，是我国北方地区独有的一种温室类型。是一种在室内不加热的温室，即使在最寒冷的季节，也只依靠太阳光来维持室内一定的温度水平，以满足蔬菜作物生长的需要。目前华北地区日光温室主要有两种类型，一种是跨度大，墙体薄，后屋面短，前屋面采光角度较小，冬季保温性能一般的普通型日光温室主要进行冬春茬及秋冬茬生产。冬春茬主要进行果类蔬菜生产，秋冬茬一般多进行叶菜或葱蒜类蔬菜生产。该类型日光温室冬春茬生产辣椒一般为1月下旬至2月下旬定植，3月上旬至7月中旬收获。一种是跨度小，墙体厚，前屋面采光角度大，后屋面长并且厚，冬季保温性能好的高效节能型日光温室主要进行越冬茬及冬春茬生产。越冬茬果类蔬菜生产一般在6月底7月初播种，7月底8月初定植，9月中旬采收至次年6月底拉秧。该茬口生产辣椒，产品主要集中在9

月至次年6月上市。冬春茬果类蔬菜生产一般在1月底2月初定植，3月开始采收至7月上中旬结束。该茬口生产辣椒，上市时间主要集中在3月底至7月初。

其中两种类型日光温室冬春茬生产具有重叠，生产面积相对较大，而越冬茬生产只能在保温性能较好的日光温室进行，生产面积较小，且该时期价格相对较高，如自身设施保温性好（冬季温室内平均气温能保持在12℃以上）可进行该茬口生产以获得较高收益。

二、塑料大棚茬口及上市时间

塑料大棚俗称冷棚，是一种简易实用的保护地栽培设施，由于其建造容易、使用方便、投资较少，随着塑料工业的发展，被世界各国普遍采用。利用竹木、钢材等材料，并覆盖塑料薄膜，搭成拱形棚，供栽培蔬菜，能够提早或延迟供应，提高单位面积产量，有利于防御自然灾害，特别是北方地区能在早春和晚秋淡季供应鲜嫩蔬菜。同时受外界气候条件及自身保温性限制，塑料大棚生产主要有一年两茬，一年一茬、一年多茬的种植模式，主要由当地无霜期时长及种植作物决定。

以在华北中南部地区为例，无霜期150天以上的地区（表1-1），多为两茬果类蔬菜；无霜期不足150天的地区，春茬多为果菜，秋茬为叶菜。一年三茬蔬菜生产多在早春定植果菜之前，抢一茬速生叶菜，如菠菜、油菜、莴苣、小萝卜和茴香等。一年一茬是在夏季种一茬丝瓜、苦瓜、豇豆等耐热蔬菜或利用塑料大棚夏季覆盖遮阳网，进行7月和8月叶菜类的淡季生产。如夏季菠菜和油菜的生产，露地种植很难进行，利用这样网覆盖种植，则较容易进行，既可以丰富淡季蔬菜的种类，也可以进行无公害蔬菜生产。

表 1-1　华北地区（北纬 32°～42°之间，东经 110°～120°）**无霜期时长**

地区名称	无霜期时长（天）
北京	180～200
河北	110～220
天津	196～246
山西	124～233

第二讲　实例解析如何做，清清楚楚才能做

专题一　实例举证

为了让您更好地了解辣椒生产茬口及是否赚钱，以笔者亲自种植或指导的北京地区塑料大棚辣椒越夏一大茬为例向您做具体分析：

北京市延庆县延庆镇广积屯村位于北京市西北冷凉山区，2011 年我在该村茂源广发种植专业合作社蹲点期间，利用跨度为 8 米，长度为 50 米，脊高为 2.8 米，侧风口高 1.2 米的钢架塑料大棚亲自进行辣椒新品种“农大 24”的越夏一大茬生产（图 1-2），并结合多层

图 1-2　延庆县广积屯村辣椒生产情况

覆盖提早定植技术，3 月 28 日提早定植，10 月 24 日拉秧，亩产量达到 10 097 千克（商品果）（表 1－2），折合每平米 15.14 千克，亩收益达到 3.06 万元。

表 1－2　2011 年延庆镇广积屯村茂源广发种植专业合作社辣椒采收情况统计表（单棚）

采收日期	亩采收产量（千克）	地头批发价（元/千克）	亩产值（元）
6.9	145.80	2.40	349.92
6.18	753.35	2.00	1 506.70
6.29	856.65	3.20	2 741.28
7.6	933.85	3.80	3 548.63
7.14	808.35	4.00	3 233.40
7.21	848.35	3.40	2 884.39
8.4	1 028.25	2.00	2 056.50
8.14	635.85	1.80	1 144.50
8.24	774.00	1.60	1 238.40
9.12	1 111.65	3.40	3 779.70
10.3	530.85	4.00	2 123.40
10.9	551.65	4.00	2 206.60
10.16	287.50	3.20	920.00
10.17	113.34	3.60	408.00
10.2	393.34	3.40	1 337.34
10.24 拉秧	324.17	3.60	1 167.00
合计	10 096.94	49.40	30 645.76

2012 年北京市延庆县大榆树镇岳家营村村民岳长善采

用跨度为 8 米，长度为 80 米，脊高为 2.8 米，侧风口高 1.2 米的钢架塑料大棚进行辣椒新品种“农大 24”的越夏一大茬种植（图 1－3），采用不规则整枝方式、4 月 20 日定植，采收期 131 天，亩产量达 12 684.21千克，折合每平方米产量 19.01 千克，亩收益 3.48 万元（表 1－3）。

图 1－3　岳家营村塑料大棚辣椒生产情况

表 1－3　2012 年延庆县大榆树镇岳家营村村民岳长善辣椒采收及收益统计表

采收日期	亩产量（千克）	地头批发价格（元/千克）	亩收益（元）
6.19	92.11	3.60	349.03
6.21	84.21	3.60	319.11
6.23	126.32	3.60	478.67
6.28	182.11	3.40	651.75
7.1	184.21	3.20	620.50
7.2	210.53	3.40	753.46
7.3	250.00	3.40	894.74
7.4	221.06	3.40	791.14
7.7	157.37	3.40	563.21
7.8	242.11	3.40	866.48
7.2	268.42	3.40	960.66

（续）

采收日期	亩产量（千克）	地头批发价格（元/千克）	亩收益（元）
7.22	331.58	3.40	1 186.70
7.24	357.90	2.80	1 054.85
7.25	368.42	2.40	930.75
7.28	355.27	2.60	972.30
7.31	263.16	2.00	554.02
8.4	294.74	1.60	496.40
8.5	210.53	1.80	398.89
8.6	278.95	2.00	587.26
8.18	289.48	2.20	670.36
8.25	342.11	2.20	792.24
8.29	552.63	2.60	1 512.47
8.3	468.42	2.40	1 183.38
8.31	460.53	2.40	1 163.43
9.6	450.00	2.20	1 042.11
9.7	396.84	2.60	1 086.09
9.8	400.00	2.40	1 010.53
9.1	368.42	2.40	930.75
9.17	536.84	2.00	1 130.19
9.18	421.06	2.00	886.43
9.2	507.90	2.60	1 390.03
9.3	526.84	3.00	1 663.71
10.1	552.63	3.00	1 745.15
10.2	500.00	2.80	1 473.68
10.8	450.53	2.80	1 327.87

（续）

采收日期	亩产量（千克）	地头批发价格（元/千克）	亩收益（元）
10.1	450.53	2.60	1 233.02
10.11	342.11	2.20	792.24
10.12	135.79	2.00	285.87
10.27	52.63	1.60	88.64
合计	12 684.20	—	34 838.11

专题二　实例解析

上述两个例子采用塑料大棚进行了辣椒越夏一大茬生产，亩产量均达到了1万千克以上，亩效益均达到了3万元以上，能够获得高的收益主要取决于以下方面：

一、产量追着价格跑，高价高产效益好

延庆县延庆镇广积屯村笔者种植的辣椒，充分把握两个价格高峰（图1-4），通过茬口安排及多层覆盖提早定植等田间管理尽量使产量高峰与价格高峰相吻合，从而获得较高的收益。通过上述方法在第一个价格高峰（6月上旬至8月上旬），我已赚得总效益的53.25%，在第二次价格高峰（9月上旬至拉秧），我赚得总效益的38.97%，两次共赚得总

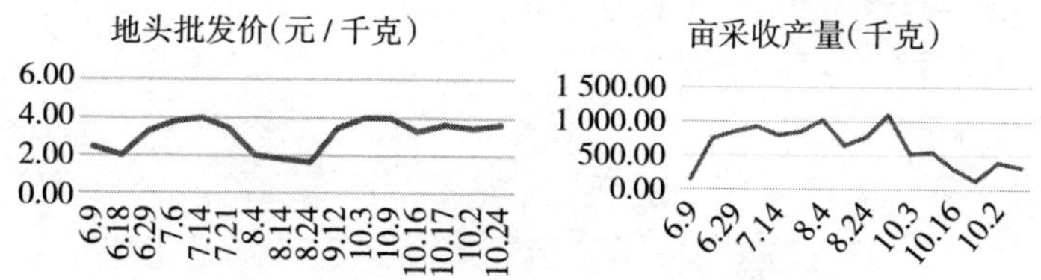

图1-4　2011年延庆地区辣椒价格及产量走势对照

效益的 92.22%。

二、赶不上第一赶第二，后期收成要抓牢

华北地区一些山区由于受地形气候影响，无霜期相对较短，塑料大棚辣椒未采用多层覆盖生产时较平原地区延后，因此产品上市时间相对偏晚，在进入产品采收盛期时价格已开始下降无法与第一个价格高峰期相吻合，因此这些地区进行塑料大棚辣椒越夏—大茬生产时应通过延迟采收、前期疏果养秧，促进后期坐果等方法尽量将产品延后使产量高峰期与第二个价格高峰相吻合从而获得高的收益。延庆县大榆树镇岳家营村村民岳长善采用上述管理方法，使后期（8月下旬至拉秧）产量占到总产量的 59.7%（图 1-5），后期（8月下旬至拉秧）收益占总收益的 57.25%，从而保证了总体较高收益。

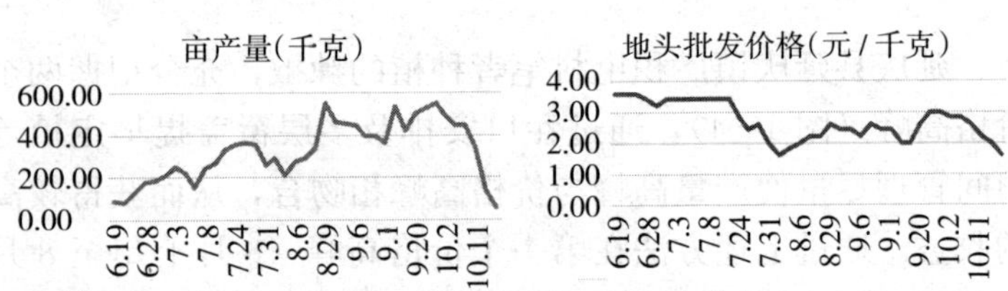

图 1-5　2012 年延庆岳家营亩产量及价格走势对照

第二篇

认 清 自 我

第一讲 设施结构多不同，掌握自身很重要

专题一 设施多样能否用，结构特性来决定

辣椒越夏一大茬生产对设施结构的总体要求：高度高、通风良好、高透光性。

适宜辣（甜）椒越夏生产的塑料大棚种类及结构特性：

钢架结构大棚（图2-1）：有顶风口的塑料大棚侧风口高度1.2～1.5米，脊高2.8～3.5米。无顶风口的塑料大棚侧风口高度1.7～2米，脊高2.8～3.5米。

图2-1 适宜越夏生产的钢架大棚结构

连栋塑料大棚（图 2－2）：通风良好、透光性好、排水良好。

图 2－2　连栋结构塑料大棚

竹木结构塑料大棚（图 2－3）：由于高度较矮，不适于辣椒越夏长季节生产。

图 2－3　竹木结构塑料大棚

专题二 选完设施"对"气候，"老天爷"帮忙才赚钱

塑料大棚越夏一大茬生产需经历早春低温、夏季高温两个不适于作物生产的气候环境，而夏季高温直接关系到辣椒越夏后的产量，因此进行塑料大棚辣椒越夏一大茬生产的地区夏季气温要相对较低，7～8月的最高气温应低于28℃，最低气温为16～17℃为宜，东经115°44′～116°34′，北纬40°如北京市延庆县，该县位于北京市西北冷凉山区，东经115°44′～116°34′，北纬40°16′～40°47′，东与怀柔相邻，南与昌平相连，西面和北面与河北省怀来县、赤城县，是一个北东南三面环山，西临官厅水库的云雾缭绕中的延庆八达岭长城小盆地，即延怀盆地，延庆位于盆地东部。全境平均海拔500米左右。大陆性季风气候，属温带与中温带、半干旱与半湿润带的过渡连带。无霜期自5月1日起至9月30日止，全年无霜期153天。气候冬冷夏凉，年平均气温8.4℃左右，较平原地区低3～4℃，6～8月的平均气温比北京平原地区低2.6℃，最高气温比平原地区低2℃左右，最高气温低3℃多；年降水量较平原地区少25%；年日照时数较平原地区多33小时，夏季6～8月较平原地区少4～7天；从以上气候条件可看出延庆地区较适宜夏季果类蔬菜生产，以辣椒为例，辣椒为喜温作物，正常情况下，白天光合作用最适温度为20～25℃，开花坐果期26～28℃，气温在10℃以下停止生长，坐果困难，温度上升到30℃以上时，光合作用显著降低，35℃以上时落花落果，夜间生育适宜温度为15～18℃，夜温过高，呼吸消耗大，不利于营养物质积累。而延庆地区

7～8 月的平均气温为 21～23℃，最高气温为27～28℃，最低气温为 16～17℃。

第二讲　辣椒特性有各色，种前先要来把握

专题一　辣椒特性有各色，种前先要来把握

一、它的类型多种样、即可食用又可观赏

辣椒根据果型形状可分为长椒类、樱桃椒类、圆锥椒类、簇生椒类、灯笼椒类等。

长椒类（图 2－4）：多为中早熟，植株、叶片中等，分枝性强，果多下垂，长角形，向先端尖锐，长稍弯曲，辣味强。按果形之长短，又可分为 3 个品种群：一是长羊角椒。果实细长，坐果数较多，味辣。二是短羊角椒。果实短角形，肉较厚，味辣。三是线辣椒。果实线形，较长大，辣味很强。可以干制、腌渍或者做辣椒酱，是目前设施生产最常用品种。

图 2－4　长椒类型辣椒

樱桃椒类（图 2－5）：植株中等或较矮小，分枝性

图 2-5　樱桃椒类型辣椒

强；叶片较小，圆形或椭圆形，先端较尖；果实朝上或斜生，呈樱桃形，果色有红、黄、紫，极辣。可以制干椒或者观赏。

圆锥椒类（图 2-6）：植株与樱桃椒相似；果实为圆锥形或圆筒形，多向上生长，也有下垂的，果肉较厚，辣味中等。

图 2-6　圆锥椒类型辣椒

簇生椒类（图 2-7）：枝条密生，叶狭长，分枝性强；晚熟，耐热，抗病毒；果实簇生而向上直立，细长红色，果色深红，果肉薄，辣味甚强，油分含量高，多做干椒栽培，耐热、晚熟、抗病性强。

图 2-7　簇生椒类型辣椒

线型椒类（图 2-8）：该类品种果实纤细，早熟、抗病、辣味浓，青椒绿色、老熟果红色、干鲜两用，皮薄、适合鲜食和加工、连续坐果能力强、果长 25～28 厘米，果径

1.3～1.6 厘米，鲜果重15～18 克，适宜大棚早熟栽培。

图 2-8　簇生椒类型辣椒

二、它的结构有特色、种前好好来把握

根系（图 2-9）：辣椒属浅根性植物，主要根群分布在 10～15 厘米的土层内，茎基部不易产生不定根，根系发育较弱，木栓化程度较高，再生能力差，根量少，吸水吸肥能力较弱，因此辣椒的根系不耐旱，又怕涝，对氧气要求严格。所以栽培时宜选择通气性良好的肥沃土壤，同时育苗和移植过程中注意保护根系，最好采用护根育苗（如穴盘、营养钵育苗等）措施。

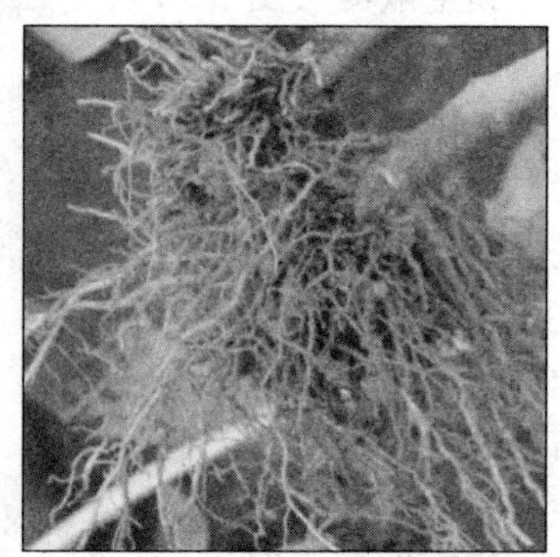
图 2-9　辣椒根系

茎（图 2-10）：辣椒茎直立，本质化程度高，腋芽萌发力较弱，茎端出现花芽后，以双杈或三杈分枝继续生长，冠幅小，适宜合理密植，但进行长季节栽培时应采用合理密植与整枝打叉相结合的方式进行，以获得最大产量和效益。目前辣椒按照分枝习性可分为无限分枝和有限分

枝两种类型。

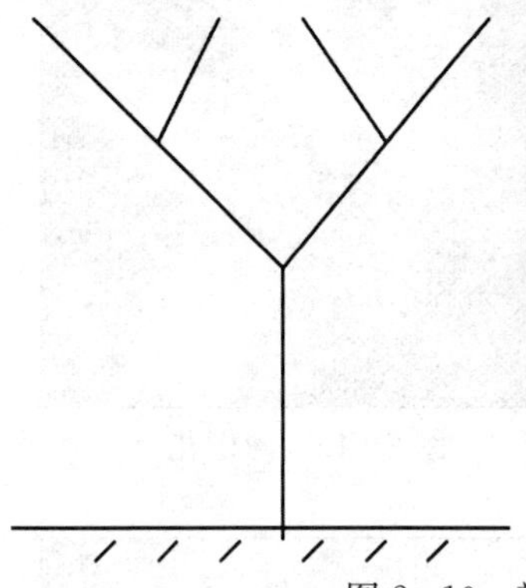

图 2-10　辣椒茎及示意

叶（图 2-11）：辣椒叶片为单叶，互生，卵圆形或长卵圆形。叶片是制造有机物的“工厂”，也是辣椒丰产的基础，植株健壮才能高产优质。在生产中应尽量多留功能叶片，保持合理叶面指数，及时疏除老叶、病叶（消耗叶），使叶片制造的营养充分积累到果实以获得最高产量。

图 2-11　辣椒叶片

花（图 2-12）：辣椒花为完全花，单生或丛生，花冠白色或绿色，花瓣 6 片，基部合生，具有蜜腺。花萼 5～7 裂。雄蕊 1 枚，子房 2～6 室。一般花药与雌蕊柱头等长或柱头稍长。辣椒为常异交作物，自然杂交率为 10%。辣椒植株长至3～4片真叶时就开始进行花芽分化。当植株长到11片真叶时已能形成28个左右的花芽，所以育苗期间的环境条件及水肥管理对前期的坐果有重要的影响。

图2-12　辣椒花

果实（图2-13）：辣椒果实为浆果，果皮与胎座组织往往分离，形成较大的空腔。细长形果多为二室，圆形或灯笼形果多3～4室，果色有绿色、黄色、红色、紫色等多种颜色。

图2-13　辣椒果实

种子（图2-14）：种子扁平，近圆形，淡黄色，稍有光泽。千粒重6～7克，多着生在胎座上，少数着生在隔膜上。种子可在干燥、通风的条件保存2年，3年后发芽率显著降低，最佳使用期为1～2年。

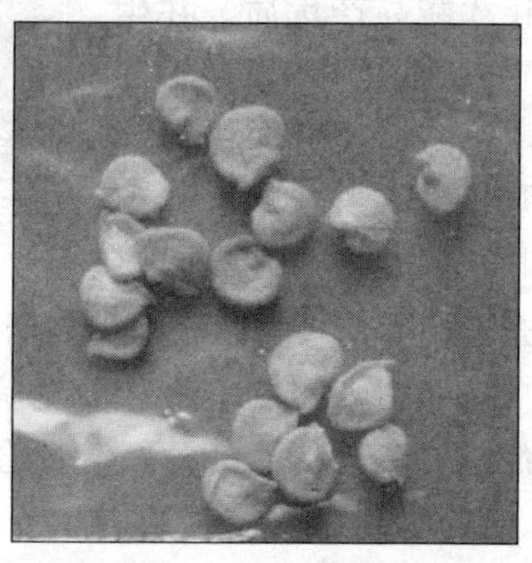

图2-14　辣椒种子

专题二　我的要求并不多，温光水肥伺候我

根据辣椒的生物学特性，其对环境的总体要求为：喜温、怕涝、不耐旱、喜光而又较耐弱光。

一、温度（图 2-15）

辣椒不同生育期对温度要求也是不同的（图 2-15），其中生产温度范围为 13℃至 35℃，最适温度为 20～25℃，其中温度高于 35℃时落花落果，坐果困难，同时温度高于 40℃时植株高温危害死亡；温度对于 13℃时，生长缓慢或停止生长，持续低于 5℃时植株易发生寒害，低于 0℃出现冻害。辣椒在生长发育时期适宜的昼夜温差为 6～10℃，白天 22～25℃，夜间 16℃比较适宜。植株开花授粉期夜间温度在 15～20℃为宜，低于 15℃易出现落花现象，低于 10℃，不开花，花粉活力丧失易引起落花落果。

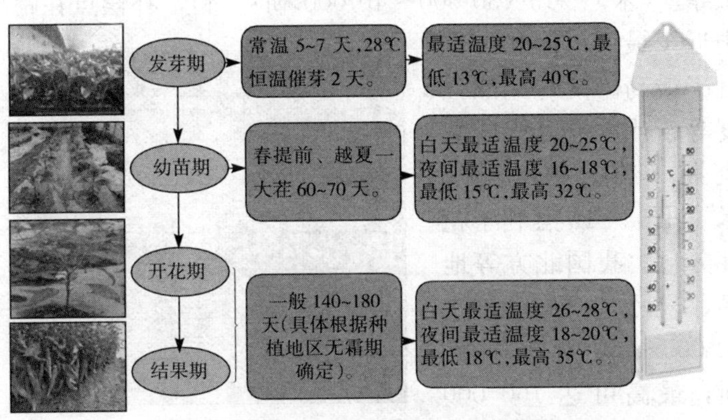

图 2-15　辣椒不同生育期对气温的要求

二、水分

由于辣椒为浅根系作物，对水分要求严格，其既不耐旱，也不耐涝，植株本身需水量不大，但因根系不发达，故需采用小高畦或瓦垄畦种植并经常浇水才能获得丰产，尤其在开花坐果期和盛果期，如突然干旱、水分不足，极易引起落花落果，并影响果实膨大，使果面多皱缩、少光泽，果形弯曲。如土壤水分过多，淹水数小时，植株就会萎蔫，严重时成片死亡，因此栽培时应选择排水良好的肥沃土壤。其对空气湿度要求也较严格，喜欢比较干爽的空气条件，空气相对湿度为50%～70%为宜，过湿易造成病害，过干则对授粉受精和坐果不利。

三、光照

辣椒对光照的要求比一般果菜类低，较耐弱光，怕暴晒，其光补偿点为35微摩/（米^2·秒），光饱和点为1 700微摩/（米^2·秒）（30 000～40 000勒克斯），补偿点在蔬菜中近于最低，饱和点以近于最高。同时光照强度等于或大于4 000勒克斯（约合95.7瓦/米^2）图2-16有利于花芽分化。我国北方等地春、夏季一般光强达40 000～80 000勒克斯，最高可达160 000勒克斯），北方地区辣

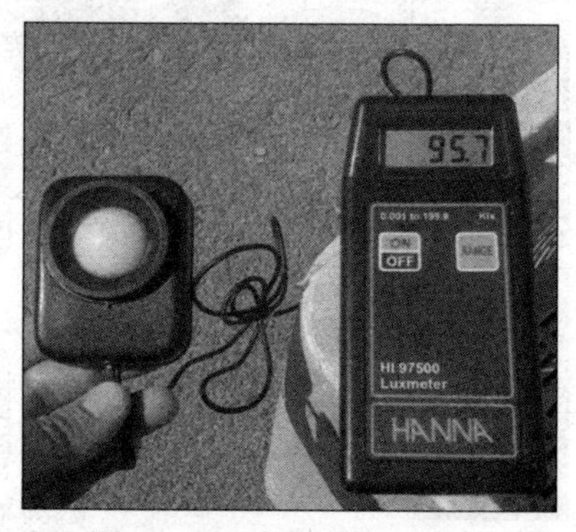

图2-16 光照强度测定仪

椒生产时春、夏季光照过强，易发生病毒病和日灼病等，生产中应采取适当遮阴措施，如覆盖遮阳网，与高大作物间作，棚膜喷撒泥浆等，一般适度遮阴（遮光 30%）有利于提高产量和质量。

四、土壤及营养

理想土壤 pH 为 6.0～6.5，当 pH 大于 6.5 时土壤内微量元素的铁、锌、锰、铜及棚和磷不易被辣椒植株吸收，当 pH 小于 5.5 时，磷和钼不易被植株吸收。理想相对湿度为 50%～70%，（图 2-17）低湿高温易落花落果，高湿易导致病害发生。

图 2-17　湿度计

前面已经将辣椒的特性及不同生长发育时期对环境条件的要求做了介绍，在生产中如何针对不同要求采取一定措施即栽培技术最大限度满足辣椒不同生长发育时期的需求向大家一一介绍。

第三篇

品种选择及壮苗培育

第一讲　要想高产又高效，选对品种很重要

专题一　品种选择有窍门，掌握要点很关键

塑料大棚辣椒种植高产高效是广大种植户追求的目标，而选对品种是高产高效的基础，在生产中如何从市场上众多品种中选择适宜的品种，应从以下几方面着手：

一、早熟性

由于塑料大棚保温性有限，只能较露地提前和延后20～30天，生长周期较其他设施短，因此进行塑料大棚辣椒生产应选择早熟性强的品种，判断一个品种的早熟性，应从以下几方面进行，一是门椒节位，二是始花期，三是开花至坐果时间四是坐果至成熟时间，所以在选择品种应根据往年种植情况并参考销售方的数据进行选择。

二、抗病性及耐高、低温能力

塑料大棚辣椒越夏生产需经历早春及晚秋的低温及夏季

高温高湿的环境条件，在进行品种选择时，品种的耐高、低温能力及抗病性应作为选择的一个标准，尤其对辣椒易得的病毒病（TMV、CMV）、疫病抗性能力强。

三、单果重、连续坐果能力

产量构成是由定植株数，单株坐果个数，单果重等因素共同决定，要想获得高产高效，辣椒品种的单果重、连续坐果能力一定要强。在进行品种选择时根据市场需求参照品种的相关数据或往年生产记录选择合适的单果重及连续坐果能力强的品种。

四、果实均匀程度

果实均匀程度直接影响果实品质及产量，其也与效益息息相关，因此在选择辣椒品种时，结果前期及结果后期果实大小应均匀一致，在此次介绍高产高效栽培技术中，我选择的品种为中国农业大学选育出的辣椒新品种“农大24”，该品种连续坐果能力强、果实均匀一致。

专题二　品种多样挑花眼，我来推荐大家选

目前市场上辣椒品种繁多，且由于市场管理等多方面因素，市场很多品种要点标志不清，品种质量参差不齐，假种子、劣质种子不乏少数。

图3-1　农大24号

农大24号（ND24）（图3-1）：

中早熟，微辣长粗羊角形。植株较直立。纵径30厘米左右，单果重120～150克，肉厚5毫米，

果面黄绿色，光滑而富有光泽，商品性好。植株上、下部果实大小较一致。抗病性较强，连续坐果性极好，高产稳产，对高温和低温均有一定耐性。（中国农业大学繁育）

图 3-2　农大 3 号

农大 3 号（ND3）（图 3-2）：

中早熟，果实长粗牛角形，纵径 30 厘米左右，单果重 130 克左右，果面黄绿色，富有光泽。低温适应性强，抗病性强，连续坐果性好，高产，商品率高。（中国农业大学繁育）

图 3-3　国福 208

国福 208（SY07-289）(图 3-3)：

中早熟、果实长宽羊角形，果形顺直美观，肉厚质脆，腔小；果型为 23～25×3.5 厘米，单果重 80 克左右；辣味适中，淡绿，红果鲜艳，红熟后不易变软，耐贮运，持续坐果能力强，商品率高；高抗病毒病、叶斑病；耐热耐湿，越夏栽培结实率强。（北京市农林科学院蔬菜研究中心繁育）

迅驰（37-74）（图3-4）：植株开展度中等，生长旺盛。连续坐果性强，耐寒性好，适合秋冬、早春、早秋保护地种植种植。果实羊角形，淡绿色。在正常温度下，长度可达20～25厘米左右，直径4厘米左右，外表光亮，商品性好。单果重80～120克，辣味浓。抗锈斑病和烟草花叶病毒病。（荷兰瑞克斯旺公司繁育）

图3-4　迅驰

第二讲　壮苗培育是基础，多种措施需保障

专题一　处理方法有多种，具体做法看情况

使用带病源的辣椒种子播种会传染给幼苗和成株，而导致病害的发生。培育无病壮苗，种子处理很关键。播种前进行种子消毒可以减少病害的最初侵染源，从而为培育无病健壮秧苗提供保障，辣椒种子常规的消毒方法有：温汤浸种、干热处理及药剂处理等。浸种后催芽可有效缩短种子萌发时间，促进出苗迅速、整齐。

一、温汤浸种处理

目的：温汤浸种可杀灭种子表皮附带的病菌，尤其是对辣椒疮痂病、菌核病有杀菌作用。

具体做法：在清洁的小盆或大碗内，装入55℃的热水，水量是种子的5倍左右，将种子放入水中不停地搅拌恒温10～15分钟，水温降至30℃时停止搅动，浸泡8～12小时使种子吸足水分，然后出水，沥干水分，用纱布包好，外面再包上浸湿或毛巾，置盆钵内进行催芽，每间隔12小时将种子用干净的温水淋洗一次，以便满足种子萌发所需氧气。

二、干热处理

目的：干热处理辣椒种子，可消灭种子的病菌，特别是钝化种子所带的TMV病毒，增强种皮的通透性，提高发芽速度，有利于培育壮苗。

具体做法：将充分干燥的种子（含水量7%以下）单层撒放在器皿中，在70℃～80℃下（不得高于80℃）处理30～40分钟，利用热力消灭种子表皮的病菌，干热处理后，将种子播种于穴盘，经过干热处理后的种子吸水快，发芽快，具有早熟增产的作用。

三、药剂浸种处理

目的：杀灭种子所携带的病原菌，防治种传病害，防治辣椒炭疽病、细菌性斑点病、病毒病等。

具体做法：常用的药剂有磷酸三纳、高锰酸钾、甲醛（福尔马林）等。具体操作为先将辣椒种子在清水中浸种4～5小时，然后捞出放入10%的磷酸三钠溶液浸种20分钟，或1%的高锰酸钾溶液浸种20～30分钟，可以钝化种子上带的病毒。放入1%的硫酸铜溶液浸种5分钟，可以防治炭疽病和细菌性斑点病。用100倍的甲醛（福尔马林）溶液浸种 15～20 分钟，可防治黄萎病和枯萎病。用药剂浸种后，都要用清水将种子冲洗干净，才能催芽或播种。

专题二　根深叶茂秧苗壮，必要条件需保障

培育秧苗是一年生产的开始，也是一年收益的基础，因此为获得较高的产量、较好的收益培育壮苗非常关键，塑料大棚辣椒早春茬、越夏一大茬生产秧苗培育播种期主要集中在 12 月底至次年 1 月底，该段时期是我国北方最冷的时期，因此为培育壮苗，需做好必要的保障。

目前生产中常采取的保障措施有以下几个方面：

一、根系的温度保障

俗话说根深叶茂，只有根系好的秧苗才可称得上壮苗。12 月底至次年 1 月底是我国北方最冷的季节，且该时期光照弱，育苗设施如日光温室内平均气温相对较低，尤其是夜间气温低，辣椒播种后常出现“沤种”不出苗，出苗慢、出苗不整齐等现象，同时辣椒育苗为保护根系免受损伤常采用容器护根育苗，根系土壤或基质较少，温度缓冲空间有限，且需常浇水，如无温度保障措施，根系温度变化幅度大，根系温度低，吸收能力下降直接影响秧苗的健壮程度。为此要想培育根系好的秧苗，保障根系适宜的温度是必需的。铺设地热线（图 3-5）。

目前生产上较为成熟的技术是铺设地热线，利用土壤电热加温线和农用控温仪使苗床中土壤温度提高，并且能根据不同育苗要求自动控制温度。它不需整个育苗期都通电加温，只在关键时期，温度达不到要求时进行加温，所以电热温床只要设计合理，使用得当，便可以减少成本投入，并能

图 3-5 地热线铺设图

培育出壮苗。

铺设地热线的具体做法为：为节约用电，减少热量损失，提高保温效果，最好在育苗床土下铺 5～7 厘米厚的砻糠，形成绝热层。在绝热层上铺 3 厘米厚床土后，铺设电热线，布线后再铺 5～7 厘米厚的床土；然后把育苗钵/盘搁在床土上。在电热温床上再扣小拱棚，夜间加盖薄膜草苫等，保温效果更好。电热线的主要技术参数可见生产厂家的说明书。常见的额定功率有 600 瓦、800 瓦及 1 000 瓦，长度 80～120 米，每平方米所需的功率密度为 80～120 瓦/米^2。电热温床所需的总功率是以育苗总面积乘以功率密度。使用电热线根数的计算公式为：电热育苗总面积（米^2）×功率密度（瓦/米^2）÷额定功率（瓦）。布线之间的距离可按线功率÷功率密度÷线长的公式计算。由于苗床四周散热快，温度低，在具体布线时可考虑边行线距离缩小 2～3 厘米，中间行线距放大 2～4 厘米。布线时在苗床的两头按事先计算好的铺线间距，插 10～15 厘米长的小木（竹）棍。一人来回放线，一人绕木棍把线拉直。注意不要把电热线缠绕在木棍上，线不要弯曲、打卷或与邻近线靠在一起，以免因缠绕发热烧坏绝缘层而漏电，再者电热线不能加长或截短，电热线如有护皮破损，必须用防水胶布包严，以防漏电，并安装好控温仪。一般苗床宽 1.5 米，长 6 米，约可放置穴盘 55 盘，所育秧苗可满足 1～1.5 亩地使用。育苗期间根系温度 18～22℃为宜，具体调控根据育苗时期不同而不同，一般播种后出苗前可适当提高地热线温度至 20℃，最高不得高于 25℃，出苗后降低地热线温度至 15℃，以免出现“高脚苗”，最低不得低于 12℃。

二、减少根系损伤保障

辣椒属浅根性植物，根系发育较弱，木栓化程度较高，再生能力差，根量少，茎基部不易发生不定根。栽培时最好采用护根育苗（如穴盘、育苗钵、营养钵育苗等）措施（图 3-6），同时育苗和移植过程中注意保护根系是辣椒早熟丰产栽培的重要环节之一。选择合适的容器对于培育壮苗非常重要，容器的大小直接决定着秧苗的营养面积、秧苗的健壮、秧苗培育的时长等。容器过小，秧苗营养面积小，需经常浇水、施肥，根系温度易受影响，且育苗肥水投入成本相对较高，且培育大苗龄秧苗时，秧苗生长空间小易“窜”苗，即徒长苗，同时根系生长也易受阻对于后期定植后的快速缓苗影响较大。容器过大时，单位面积生产秧苗数量较少，培育秧苗成本较高。对于塑料大棚越夏一大茬辣椒生产来说，需培育大苗龄（日历苗龄 70 天以上）壮苗，因此容器选择偏大为宜，根据多年试验及实践证明该茬口育苗宜选

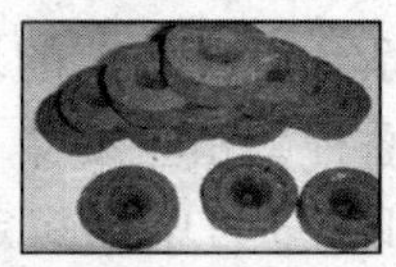

图 3-6　辣椒育苗常用护根容器

择口径 3.5～5cm 的育苗钵或 72～105 孔的穴盘，一般育苗技术水平较高的农户可选择 105 孔穴盘进行育苗。穴盘可以重复使用，对于质地较薄的穴盘来讲，重复使用次数不宜超过 2～3 次。因为长时间的搬动会造成穴盘断裂，种苗分离机、移苗机对穴盘也会产生机械性磨损。时间长了，排水孔变大，栽培介质便会从穴盘底孔漏出。另外需注意如果穴盘要重复使用，则必须要对已使用过的穴盘进行挑选，剔除那些老化、破损的穴盘。然后把想要再次使用的穴盘彻底清洗干净并进行消毒，尤其是可能有矮壮素残留的穴盘。穴盘消毒，建议不使用漂白剂，原因是部分塑料穴盘可以吸收漂白剂中的氯，并与聚苯乙烯反应，形成有毒的化合物。它会严重影响到下季作物的发芽和生长，比较简易的消毒方法是用触杀性杀菌剂如托布津、多菌灵等药液浸泡消毒。切记，消过毒的穴盘在使用之前必须彻底洗净晾干。如果泡沫穴盘的密度很高，高温下不致融化的话，可以考虑用蒸汽消毒法进行消毒。

专题三　壮苗培育细节多，各个环节需把牢

一、基质的配制、消毒、装填

（一）基质的配制

在蔬菜育苗中，基质的理化性质、供肥能力是幼苗生长发育及其素质好坏的重要因素，同时基质的健康无菌直接关系到无病壮苗的培育。华北地区塑料大棚早春茬及越夏茬播种育苗主要集中在 12 月底至次年 1 月底，前期温度较低，3 月中下旬定植时气温回升，因此该时期育苗基质应具有前期提温保温效果好，后期保水保肥能力强的特

点，一般草炭∶蛭石∶珍珠岩（体积比）的比例为3∶1∶1或4∶2∶1。

（二）基质消毒处理

为保证基质的不带病菌等有害的物质，一般在基质使用前需对育苗基质进行消毒处理。基质消毒主要分为高温消毒及药剂消毒两种：

高温消毒：利用日光或人为加温将基质温度提高至60℃以上用以杀灭基质内的病菌，如果温度可升至100℃可杀灭基质的杂草种子等。高温消毒一种做法为采用日光暴晒（适用于小规模育苗），选择晴朗的天气，将基质平铺在混凝土地面、纸板或铁皮上，利用日光提高基质温度以杀灭病菌及杂草；另一种做法为蒸汽消毒（适用于家庭或工厂化育苗），将基质放入容器内（不能完全密闭以防止爆炸）然后将蒸汽利用管道输入，将基质温度提高到60～100℃，持续20～30分钟即可。

药剂消毒：常用药剂有甲醛（福尔马林）、多菌灵、百菌清、代森锌等药剂，通常做法为将药剂溶解或粉状与基质混匀，然后用薄膜覆盖2～3天，再揭开薄膜将药味挥发完毕即可使用，注意在使用药剂过程中一定需要做好自身防范，按照规范的使用方法施用。

甲醛消毒：将40%甲醛溶液400～500毫升稀释50倍施用每立方米基质上，然后用喷雾器将药液均匀喷洒在基质上，覆盖薄膜，播种前1周揭开薄膜散除药味即可进行装填。

多菌灵消毒：每立方米基质施用65%多菌灵粉剂60克，拌匀后用塑料薄膜覆盖2～3天后揭开薄膜待药味散尽即可装填。

（三）基质装填

基质消毒处理完成后将基质装填入消毒处理过的或新的穴盘内（图 3－7），装填前为便于后期播种后快速的吸水，需先将基质含水量提高到 60％左右（手攥成团，松手即散），然后将基质装填入穴盘，装填时每孔内装填基质尽量一致不宜压实，以防后期压播种穴时深浅不一造成出苗不整齐。

图 3－7　基质装填及播种

二、播种催芽

播种分为人工播种和机器自动播种两种，人工播种时辣椒种子播种深度在 0.5 厘米左右，过深易导致秧苗出苗慢，秧苗弱，下胚轴长，甚至沤种不出苗；播种过浅易出现戴帽出土影响子叶展开，秧苗光合作用受影响秧苗弱。

催芽：如条件允许，可用恒温催芽箱 28℃催芽 24 小时，然后温度降低，白天为 20～25℃，夜间为 12～15℃。该时期应严格控制夜温，建议夜温控制在 13℃左右，防止秧苗徒长及老化苗。

如果没用催芽箱，可将播种完的穴盘浇透水后晾晒，下午 15 点前将穴盘错位堆放，然后覆盖棚膜，悬挂温度计，利用穴盘自身温度催芽，穴盘堆内温度第一天可保持在30～35℃，第二天控制在25～28℃，并及时查看是否有出苗，一旦发现出苗及时将穴盘堆摆放开即可，白天温度控制在20～25℃，夜间温度控制在12～15℃.

三、苗期管理

（一）肥水充足，小水少肥

该时期主要进行叶面喷肥来满足秧苗对肥水的需要，一般可采用0.02%的宝利丰复合肥溶液每天11点前喷淋1～2次（图3-8）。

图3-8　穴盘培育辣椒秧苗肥水管理

（二）环境均匀，定时倒盘

由于育苗温室内东西、南北环境差异性较大，为促进秧苗生长环境均匀一致，秧苗长势一致，在培育秧苗过程中应定期进行倒盘/倒钵操作（图3-9）。倒盘主要根据秧苗长势均匀程度进行，总体原则为大苗两侧移，小苗中间移，秧苗南北倒、东西中间聚；一般为将育苗温室北侧秧苗倒到南侧，将温室东、西侧秧苗倒到中部，将苗床外侧秧苗倒到苗床中部（边际效应，周边秧苗大，如浇水不均匀可能导致周边秧苗小，倒苗时不可导入苗床中部，否则周边大苗挡光，中部小秧苗生长受影响，均匀程度更差）。

图 3-9 辣椒秧苗倒盘

专题四 多年连作根系坏，嫁接技术来护航

受市场价格及设施蔬菜生产特点影响，目前北方地区设施蔬菜生产主要以茄果类蔬菜生产为主，多年的连作种植导致土传病害发病较多，辣椒生产也不例外，连年的种植导致辣椒“死棵”的问题时有发生（图 3-10），为防止土传病害的发生，提高辣椒产品产量及品质，较为有效且安全的防治方法为采用嫁接方式培育壮苗。

图 3-10 辣椒青枯病危害症状

砧木选择及准备：砧木选用对土传病害具有高抗病性、耐低温、亲和力、愈合力强的砧木品种。经过多年的试验及生产验证，北京市农业技术推广站筛选出了对疫病、枯萎病

等凸窗病害具有极高抗性的由国家蔬菜中心育成的砧木品种“格拉夫特”。砧木较接穗早播种 3～5 天，待砧木长到 4～5 片针叶时进行嫁接。

接穗准备：接穗较砧木晚播种 3～5 天，待接穗长到 4 叶 1 心时进行嫁接。

目前辣椒生产中常用的嫁接方法有贴接法和劈接法，两者各具有优缺点生产者可根据自身条件及技术水平灵活选用。

贴接法嫁接（图 3-11）：

优点：嫁接速度快、劳动成本低 。

缺点：后期吊绳、搭架等操作易造成秧苗损失。

图 3-11　贴接法嫁接流程图

嫁接注意事项：嫁接宜在阴天早晨或傍晚气温低时进行；接穗与砧木嫁接切口应吻合，一般切口角度为 30°～40°，根据使用嫁接夹而定，如使用套管嫁接夹时，可采用 40°角，其他则使用 30°角。嫁接速度要快，避免切口过长时间暴露在空气中。

劈接法嫁接（图 3-12）：

优点：愈合好、嫁接成活率高、后期吊绳、搭架等操作不易造成秧苗损失。

缺点：嫁接效率相对较低，劳动力成本高。

图 3-12 劈接法嫁接流程图

嫁接注意事项：接穗与砧木茎粗应尽量一致；接穗削切口应为楔形，前后厚度应一致，切面平整，厚度不一致易导致安放嫁接夹时，接穗与砧木接口错位影响成活率；接穗不宜过大、过高，否则嫁接后由于萎蔫下垂易撕裂贴合后的接口影响成活率。

嫁接后管理：嫁接后前 3 天采用遮阳网覆盖（图 3-13），使嫁接后秧苗不见光、将接穗蒸腾作用降低到最小，同时黑暗促进接口愈合，温度控制在 25℃，湿度控制

图 3-13 嫁接后管理

在 80%，3 天后逐渐见光。

专题五 所育秧苗是否壮，查看标准就知道

如何去判断所育秧苗健壮与否，是生产者需要掌握的重要技术之一，一般不同生产茬口要想获得高产高效，对秧苗要求标准不同，对于塑料大棚越夏茬口来说，壮苗的标准为：辣椒秧苗日历苗龄 70～90 天，真叶达到 12～15 片，根系发达，根白色，须根多，茎杆粗壮，节间短，茎粗 0.6 厘米，叶色深绿，叶肉肥厚，无病虫害，体内积累养分多，幼苗已有 90%现花蕾（但未开花），苗高 20 厘米左右。

图 3-14 健壮辣椒秧苗

第四篇

高产高效关键技术

第一讲　抢“早”抢“价”如何做，大苗龄多层覆盖双配合

专题一　产品要想早上市，健壮大苗少不了

前面我们提到近年来辣椒市场价格变化规律显示，辣椒市场价格（大众价）在 9 月至次年 4 月较高，尤其是在 1 月至 4 月期间，为尽量将辣椒产量高峰与市场价格高峰相吻合，获得最好的收益，塑料大棚生产时应促进辣椒产品早上市，但由于塑料大棚保温性较差，同时受我国北方气候类型影响，塑料大棚辣椒生产定植期主要集中在 3 月中下旬至 4 月下旬，此时外界气候相对较冷（表 4 - 1），以 2012 年北京地区为例，3 月中旬至 4 月中旬，白天平均气温为 16.81℃，夜间平均气温仅为 6.18℃。且在生产中塑料大棚保温性较差，其内部气温变化趋势受外界气温变化影响大，春季生产时，温度较低、作物生长慢，因此要使产品尽早上市，只有尽量缩短作物在塑料大棚内的营养生长，这就要求我们在秧苗培育时培育大苗龄（图 4 - 1），同时育苗用日光温室保温性相对较好，秧苗在温室内生长较快，也便于集中管理。

表 4-1　2012 年 3 月中旬至 4 月中旬北京外界气温情况

日期	白天平均温度（℃）	夜间平均温度（℃）	日期	白天平均温度（℃）	夜间平均温度（℃）
2012/3/15	9	4	2012/4/1	12	5
2012/3/16	14	4	2012/4/2	13	5
2012/3/17	11	2	2012/4/3	18	5
2012/3/18	7	2	2012/4/4	18	6
2012/3/19	7	0	2012/4/5	17	3
2012/3/21	12	5	2012/4/7	24	12
2012/3/20		2	2012/4/6	20	5
2012/3/22	7	2	2012/4/8	24	10
2012/3/23	13	2	2012/4/9	25	13
2012/3/24	14	1	2012/4/10	20	10
2012/3/25	15	2	2012/4/11	18	9
2012/3/26	17	4	2012/4/12	23	10
2012/3/27	20	5	2012/4/13	26	12
2012/3/28	20	9	2012/4/14	28	14
2012/3/29	19	6	2012/4/15	25	12
2012/3/30	13	3	平均值	16.81	6.18
2012/3/31	17	3			

下面以北京地区为例详细解析一下大苗龄秧苗的重要性：

图 4-1　健壮大苗龄辣椒苗

通过对北京地区近两年来辣椒生产情况跟踪调查分析得出辣椒大苗龄秧苗对高产高效至关重要。2011 年北京市农业技术推广站在大兴、顺义等京郊地区建立示范点10个，通过对10个示范点日历苗龄与亩产量关系分析得出（表4-2）：辣（甜）椒秧苗日历苗龄在70天以上时，亩平均产量最高为5 334.33千克；其次为60天以下，亩平均产量为4 248千克；苗岭在60～70天时，亩平均产量最低仅为3 662.5千克，分析认为60～70天时（即秧苗6～8片叶时）为辣（甜）椒花芽分化期，此时定植导致秧苗部分根系受损，营养供应受影响，从而导致花芽分化不良，产量降低，而日历苗龄在60天以下时，秧苗较小，在塑料大棚内营养生长时间增加，而早春由于温度由低逐渐增高，秧苗生长缓慢，从而导致其采收期缩短，降低了产量。

表4-2　2011年塑料大棚辣椒高产高效春提前茬口示范点日历苗龄与产量的关系

日历苗岭（天）	示范点数量（个）	亩平均产量（千克）
70天以上	5	5 334.33
60～70天	2	3 662.50
60天以下	3	4 248.00

2012年北京市农业技术推广站在郊区试验推广了大苗龄培育技术，建立的12个示范点平均日历苗龄70.62天，亩平均产量达到4 613.53千克，同时获得北京市春提前茬口第一名农户辣椒定植日历苗龄为78天，亩平均产量为6 124.7千克/亩（表4-3），由此可见大苗龄壮苗是塑料大棚辣（甜）椒获得高产的基础，同时在2012年春提前茬口高产高效创建中，日历苗龄在70天以上的亩平均产量最高为5 061千克，显著高于日历苗龄低于70天的农户，由此进一步验证了在2011年示范经验总结中培育大龄壮苗技术

的可靠性，由上述情况可见培育大苗龄秧苗是塑料大棚辣椒生产高产高效的基础。

表4-3 2012年塑料大棚辣椒高产高效春提前茬口示范点日历苗龄与产量的关系

日历苗龄（天）	示范点数量	亩平均产量（千克）
70天以上	7	5 061.00
60～70天	2	4 980.05
60天以下	3	3 258.45

专题二 前期保温促“早产”，多层覆盖可做到

俗话说要想赚钱必须做到“他无我有，他有我精”，进行设施蔬菜生产也是如此，3～4月份为蔬菜供应淡季，蔬菜价格高，要想赚钱必须提早产品上市，抢占产品价格高峰，卖高价，提高收益。如何使辣椒尽快上市，培育大苗龄壮苗是第一步，然而早春季节温度较低，秧苗生长慢，且该季节经常出现“倒春寒”等不利天气，因此为了促进产品“早产”，采用多层覆盖增温保温才能双保险（图4-2）。

多层覆盖顾名思义就是在塑料大棚内采用多层覆盖的方式进行保温，通常为4～5层，主要有塑料大棚棚膜、二道幕、小拱棚、地膜，冷凉地区还可在棚膜外部覆盖草苫等覆盖物以提高塑料大棚保温性。多层覆盖会增加塑料大棚辣椒生产成本，但经过多年摸索，多层覆盖虽然增加了成本但通过该措施获得的收益远远高于其成本，如2011年北京市农技推广站采用该技术在延庆地区进行辣椒越夏一大茬生产（图4-3)，成本增加504.75元，产品提早上市11天，每亩增产

图 4-2　塑料大棚多层覆盖操作流程图

1 978.67千克，净增收 3 912.67 元（表 4-4，表 4-5）。

多层覆盖(相同管理、相同品种、相邻两棚)　　未多层覆盖(相同管理、相同品种)

图 4-3　多层覆盖与未多层覆盖生产效果比较

表 4-4　多层覆盖成本及收益核算

费用名称	单价（元）	使用量	总计（元）
二层幕+地膜 （2 米宽流滴薄膜）	230 元/捆（250 米）	1.5 捆	345
细竹竿	20 元/捆（100 根）	330 根	66

（续）

费用名称		单价（元）	使用量	总计（元）
劳动力成本	盖膜	（50元/天）	1.25个工	62.5
	掀膜	（50元/天）	0.625个工	31.25
多支出成本			504.75	
增收			4 417.42	
净增收			3 912.67	

表4-5　塑料大棚不同覆盖方式下辣椒产量及收益对比

技术措施	始收期	拉秧期	亩产量（千克）	亩产值（万元）
多层覆盖	6月9日	10月24日	10 096.94	3.01
未多层覆盖	6月20日	10月21日	8 118.42	2.57

第二讲　要想高产又高效，关键技术要记牢

专题一　棚室种前要清洁，秸秆还田补地力

塑料大棚生产尤其是越夏一大茬生产时，由于无法越冬，冬季时无法进行生产，因此塑料大棚生产具有较长时间的种植空闲期。过去人们通常在上一茬口生产完毕后将残体清除出棚室即不再管理，更尤甚者生产结束后直接不进行处理，放任内部植株残体在棚室内自然干枯待来年定植前才进行处理，应该说上述两种做法费时费力，且不利于病虫害的有效控制，病虫害可在植株残体内安全过冬。

图 4-4　辣椒秸秆还田

而先进发达国家已采用秸秆还田的处理方式（图 4-4），该方法即无需将植株残体清除出棚室费时费力，又可将植株残体充分粉碎，便于利用外界低温充分杀灭寄生在植株残体上的病虫，一定程度上减少了次年病虫的发生。另外粉碎后的植株残体在来年温度升高时发酵释放热量和肥力，在提高地温的同时也可培肥地力，更有利于塑料大棚早春茬或越夏一大茬生产。

专题二　棚室种前要消毒，多种措施有保障

由于棚室蔬菜的连年种植，致使在土壤中、墙壁上、架材上残存大量的病原菌，一旦条件适宜，病害就得以发生尤其是土传病害，为此采取合理的棚室清洁消毒技术对棚室进行消毒处理，对于减免棚室蔬菜病虫害的发生有着极为重要的作用。

塑料大棚消毒一般包括空间消毒、设备工具消毒和土壤消毒 3 个方面。空间消毒一般是在播种或定植前 7～10 天进行。常用的消毒方法为熏蒸法即每立方米用硫黄 4 克、锯末 8 克混合均匀，点燃，时间宜在晚上 7 时进行，

熏烟密闭 24 小时。也可以用百菌清烟熏剂熏烟消毒。棚架、设备、工具等消毒可用 2%次氯酸钠水溶液洗刷或者喷洒均可。

土壤消毒（图 4-5）一般在定植前 10～15 天进行，消毒前需提前将底肥施入然后深翻土壤 30 厘米，再根据大棚土壤的病虫害种类选用农药进项消毒。常用药剂有甲醛、多菌灵、敌克松、普立克、氯化苦等，枯萎病发生严重的大棚、可在畦面或沟面喷浇 500～800 倍液普立克，其他病害可用 50%多菌灵、50%托布津或 70%敌克松 1 000 倍液喷洒，或配制成毒土撒布后翻入土中。有地下害虫的大棚，可以在土壤处理时加一定数量的杀虫剂。

图 4-5　塑料大棚产前土壤药剂消毒

药剂消毒法虽然使用普遍，但长期使用，会破坏土壤结构，造成环境污染，地力下降，因此应该谨慎对待，最好结合其他措施进行土壤消毒。例如高温闷棚、低温消毒灯。高温闷棚是常采用的方法之一，但塑料大棚早春茬和越夏一大茬前期生产时外界气温低该方法难以奏效，为此我们需要采用药剂进行消毒，对于冬季气温相对较低的地区来说，棚室的清洁消毒也可利用冬季低温进行消毒，具体做法如下：一是清洁棚室，在定植当年的上一茬口生产完毕后将棚室内植株残体清理干净，并对清理出的残体进行无害化处理。二是对棚室内部的消毒，主要包括棚室的消毒和土壤消毒两个方面。棚室内部消毒主要是将棚室架材上的病原菌杀灭，塑料大棚可在上一茬口结束后，将棚膜拆除，利用冬季自然的低温杀灭病原菌，到来年定植前 30 天扣棚膜，然后利用熏蒸药剂如辣根素等进行再次的消毒处理。

专题三　施足底肥保高产，整地做畦需精细

塑料大棚辣椒越夏一大茬生产，时间相对较长，因此施足基肥是高产高效的保证。进行越夏一大茬生产时应在前茬作物拉秧后未上冻前施足基肥，每亩施腐熟有机基肥 7～10 立方米（图 4－6，表 4－6），（具体施用量可根据施用有机肥类型及影响含量通过计算获得），复合肥 50 千克，2/3 普施，1/3 集中施入畦内，然后撤掉棚膜利用冬季低温进行消

图 4－6　底肥施用及做畦

毒灭虫菌。

表 4-6 作物所需元素在常用有机肥中含量

有机肥种类	鲜（需腐熟）元素含量比例（%）				干（已经过晒干加工）元素含量比例（%）			
	水	氮（N）	磷（P_2O_5）	钾（K_2O）	水	氮（N）	磷（P_2O_5）	钾（K_2O）
鸡粪	52.31	1.03	0.94	0.87	—	2.34	2.13	1.94
猪粪	68.74	0.55	0.55	0.35	—	2.09	2.06	1.35
牛粪	75.04	0.38	0.23	0.28	—	1.67	0.99	1.14
羊粪	50.75	1.01	0.5	0.64	—	2.01	1.15	1.59
鸭粪	51.08	0.71	0.82	0.66	—	1.66	2.02	1.65
鹅粪	61.67	0.54	0.50	0.63	—	1.64	1.53	2.10

通常情况下，每生产 1 吨（1 000 千克）辣椒，需氮 2.93 千克，需磷 0.3 千克，需钾 4.1 千克，需钙 1.2 千克，需镁 0.7 千克（品种不同，需肥量略有差异）。

如早春茬每亩可生产辣椒 6 000 千克计算，则需要氮 2.93×6=17.58 千克，需磷 0.3×6=1.8 千克，需钾 4.1×6=24.6 千克，需钙 1.2×6=7.2 千克，需镁 0.7×6=4.2 千克。

有机肥施用量计算公式：施用量=需钾数量÷钾元素含量比例÷钾肥平均利用率

以鸡粪为例，如每亩产出辣椒 6 000 千克，则需施用量为 24.6÷0.019 4（1.94%）÷0.4（40%）=3 170 千克，每方干鸡粪约 350 千克，折合每亩施用量为 3 170÷350=9 立方米。其他种类有机肥可依据上述公式进行折算。

另外塑料大棚辣椒早春茬或越夏一大茬定植时由于外界气温较低，为更好地提高地温，促进快速缓苗，同时也有利于后期的浇水等劳动的操作，前期的做畦非常重要。通常做畦方式有（图 4－7，图 4－8）：一是传统的沟栽，沟栽后再培土成垄。该种畦式无法进行地膜覆盖；二是高畦栽（采用滴灌或沟灌的灌溉方式常用），有利于地膜覆盖提高地温提早定植，但该种畦式浇水后棚内湿度较大易引发病虫害，正在逐渐被取代。三是“M”瓦垄畦（常用），有利于地膜覆盖提高地温提早定植，且可进行膜下暗灌，有利于降低棚内湿度，减少病害发生，另外对于沙质土地该畦式可采用膜上灌溉的方式以提高水资源利用率。

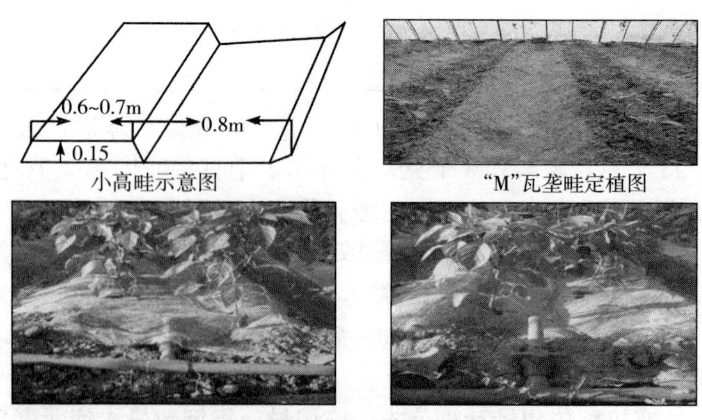

小高畦示意图　　“M”瓦垄畦定植图

图 4－7　辣椒生产常用畦式及浇水方式

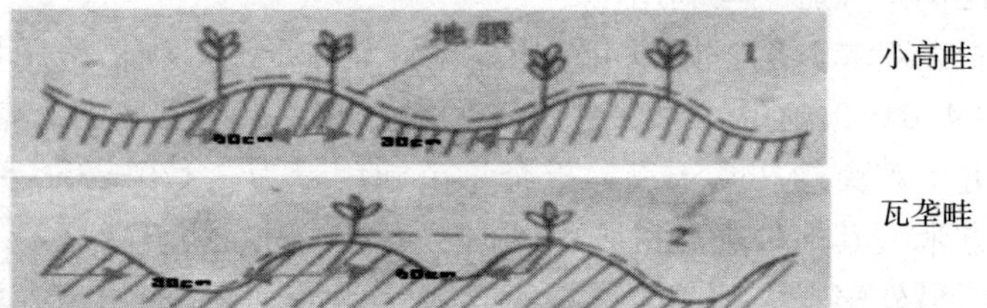

图 4－8　地膜覆盖示意图

进行地膜覆盖需要精细整地，其是保证地膜覆盖质量的基础：小高畦铺设地膜时，地膜应紧贴畦面（小高畦）或垄“背”（“M”瓦垄畦），铺膜一定要做到膜面无皱褶，不松弛，松紧合适，四周入土均匀埋压，定植孔用细土封压好。

专题四　定植密度有讲究，合理密植才高产

定植密度要根据品种、整枝方式、生育期长短等灵活掌握。植株间过密会影响彼此吸收营养和采集光线，如果太稀疏又会浪费土地资源，所以要合理选择相邻两棵植株之间的距离、行之间的距离即定植密度。同时辣椒的亩产量是由定植密度、单果重、结果数量决定，对于一个地区来说塑料大棚辣椒生产茬口固定，其生产时长即固定，因此定植密度及后期植株调整方式直接决定着辣椒结果数量及单果重，也就是说定植密度直接决定着辣椒的亩产量，因此要想提高辣椒亩产量必须在定植密度上进行科学合理的安排。

另外为充分利用设施空间，充分利用太阳光辐射能量，最大程度提高土地单位面积产量，合理的定植密度也起着决定性作用，经过多年的试验示范总结得出：塑料大棚辣椒“农大 24”越夏一大茬生产时，采用大行距 80 厘米，小行距 60 厘米，株距为 35 厘米时（图 4－9），亩定植密度为

图 4－9　辣椒定植株距

2 100株时亩产量最高（表 4－7），同时随着种植时间的缩短，辣椒种植密度可适当提高，但亩定植密度应低于2 500株。

表 4－7　塑料大棚辣椒定植密度与产量的关系

亩定植株数（株）	单株采果数（个）	单果重（克）	亩平均产量（千克）
2 000～2 499 株	20.20	148.92	4 961.20
2 500～2 999 株	16.33	129.65	4 892.00
3 000 株以上	9.50	131.50	4 172.50

专题五　叶面给肥蹲苗壮，水多损根子叶落

辣椒定植后为促进缓苗，通常生产上要浇定植水，夏季定植时需浇缓苗水，然而在生产中经常遇到一些错误的做法，尤其是在早春定植时很多农户仍然采用夏季定植时管理方式，害怕浇水量不足导致死秧，浇水量过大，忽略了早春地温低，根系吸收能力弱，吸水吸肥能力差，同时浇水量大进一步降低了地温，导致植株根系“发根”慢，缓苗慢，甚至出现沤根，迟迟不缓苗，子叶发黄脱落等问题的出现（图 4－10）。因此辣椒定植后，控水蹲苗对于保持地温、促进根系下扎、快速缓苗是非常必要的，尤其是对于塑料大棚早春茬、越夏一大茬早春定植时尤为重要。塑料大棚早春茬、越夏一大茬生产采用的是大苗龄秧苗，辣椒定植后蹲苗促壮，促进秧苗由营养生长快速转为生殖生长对于提早产品上市、提高产量是非常必要。

经过多年的试验摸索及生产验证，塑料大棚早春茬、越夏一大茬生产时辣椒定植后每亩浇定植水应控制在 3 吨以内，然后进行蹲苗处理，蹲苗期间每隔 7 天采用磷酸二氢钾

蹲苗、叶面喷肥

根部随水给肥

图 4-10　不同浇水量下的秧苗

50 克，尿素 30 克兑水 15 升进行叶面喷施，持续至现蕾进行再次浇水。

专题六　水肥管理要精细，节水节肥产量高

辣椒为浅根系作物，不耐涝但需水量较大，因此在进行塑料大棚生产时应小水勤浇，“农大 24”塑料大棚越夏一大茬生产时，定植水每亩浇水 3 吨，浇水不宜过大，否则容易导致地温过低，根系生长受阻，所以水肥管理要精细。通常结果期，5～8 月每 7～10 天浇水一次，每次每亩浇水控制在 4 吨内，6～8 月每次随水追施辣椒专用肥（N：P：K=20：5：20 Ca：15%）16 千克；9～10 月每 10～15 天浇水一次，每次每亩浇水 2.4 吨，每次随水追施辣椒专用肥 10 千克。具体施肥量可根据下表进行折算（表 4-8），如生产 70～85 天时，亩产量 7 000 千克计算，该时期需氮 1.3 千克，需磷 0.2 千克，需钾 2.6 千克，需钙 1 千克，需镁 0.4 千克，如选用辣椒专用肥，该时期至少应追肥为 1.3÷5%=26 千克，按照浇水两次计算，每次至少需追肥 13 千克。

表 4-8 亩产 7 000 千克时植株需吸收肥料元素的量

单位：千克/亩

生长天数（天）	氮（N）	五氧化二磷（P_2O_5）	氧化钾（K_2O）	氧化钙（CaO）	氧化镁（MgO）
0～35	0.133	0.020	0.233	0.140	0.067
35～55	0.467	0.067	1.067	0.467	0.200
55～70	1.200	0.200	2.267	1.000	0.467
70～85	1.333	0.200	2.600	1.000	0.400
85～100	2.600	0.800	4.800	2.800	1.400
100～120	3.667	0.733	7.333	1.467	1.533
120～140	5.000	1.467	6.400	1.867	1.333
140～165	5.267	1.267	8.000	2.800	2.000
合计	19.667	4.753	32.700	11.540	7.400

数据来源：Rincón et al，1993。

专题七　夏季高温是个坎，遮阳降温来度过

辣椒对光照的要求比一般果菜类低，较耐弱光，怕暴晒，我国北方等地春、夏季一般光强达 40 000～8 000 勒克斯，最高可达 160 000 勒克斯，过强的光照易造成高温障碍且易引发病毒病和日灼病的发生，尤其在温度高于 35℃时易导致辣椒落花落果，对辣椒能否安全越夏获得高产是个非常大的考验。因此在我国北方地区进行塑料大棚辣椒越夏一大茬生产时，应采取适当遮阳降温措施适度遮阴有利于夏季生产时产量和质量的提高。

目前较为常用的遮阳降温方法有覆盖遮阳网、与高大作物间作、棚膜喷撒泥浆、喷涂遮阳降温剂等（图 4-11）。不同遮阳降温方法遮阳降温效果不同，且各有利弊。

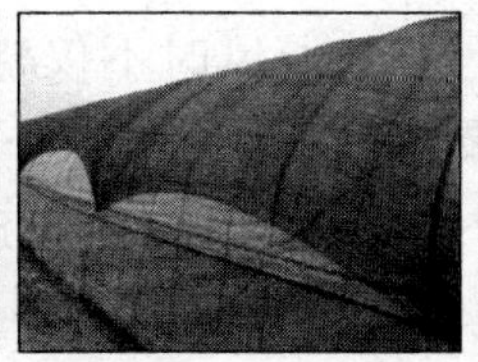

图 4-11　塑料大棚辣椒生产夏季常见遮阳降温方法

覆盖遮阳网是目前较为常用的遮阳降温方法，其优点是使用灵活，可根据外界光照情况随时覆盖、揭除。缺点是费时费力，且遮挡了部分有效光照影响作物生长，尤其是遮阳网使用不当时易导致植株徒长。棚膜喷洒泥浆无需材料成本投入，但由于夏季雨水多，泥浆很快被冲洗干净需多次喷洒，同时其与遮阳网作用效果类似，也会遮挡部分有效光照，施用过量亦会导致植株徒长。与覆盖遮阳网、泼泥浆等相比，大棚降温剂不是通过遮挡部分光照降温，而是通过遮挡光照的部分组成光线如红外线（红外线对植物光合作用没有影响，却可以明显提高棚内温度）来实现降温的，不仅有很明显的降温效果，而且可保证植株有充足的光照进行光合作用。使用大棚降温剂时，可以比较精确地计算并根据所种蔬菜的需光特点决定遮光率，创造有利于蔬菜生长的光照环境。但目前遮阳降温剂在国内仍处于试验探索阶段，部分产品施用效果不佳，在生产中应谨慎使用。

遮阳降温虽可以有效降低夏季塑料大棚内温度，但一定要注意使用时间，一般北方平原温暖地区可在 6 月底至 8 月上旬进行，冷凉山区可在 7 月上中旬至 8 月上旬进行，过早遮阳降温易导致植株徒长，影响产量，使用较晚，植株受高温障碍危害，产量亦将受影响。

除了遮阳降温外，生产管理技术环节上也应注意降温措施应用，如加大通风量，通风时不仅要开大棚顶部的风口，大棚前沿的薄膜也要卷起来，这样上下都通风，降温效果较好。但在通风的同时要覆盖防虫网，防止害虫迁飞入棚。另外保持田间湿润，保持田间湿润的措施就是及时浇水，要小水勤浇以湿控温，但不可使田间积水。

专题八　植株调整应及时，通风透光坐果多

表 4-9　辣椒植株调整流程

操作图片	调整时期	具体操作
	门椒坐果后 1 周（一般在定植后 30～40 天）	将门椒下叶腋间侧枝及叶片全部疏除
 	“门椒”现蕾，植株出现假二叉分支时	吊绳或搭架辅助生产（具体操作与整枝方式结合进行） 吊绳： 优点：多年使用，省时省力，植株间通风透光，摘果方便，果实商品性好等；缺点：前期操作量大。 竹竿搭架： 优点：前期工作量相对吊绳少。缺点：一年一次，植株间易郁闭，通风透光性差，内部果实商品率低，摘果慢

（续）

操作图片	调整时期	具体操作
	“对椒”坐果后至拉秧	四杆整枝、不规则整枝及三杆留果整枝（具体根据品种及定植密度而定）亩定植密度在 2 200～2 500 株时可采用三杆留果整枝；亩定植密度 2 000～2 200 株时可采用四杆整枝和不规则整枝

辣椒越夏一大茬生产周期长达 7 个月，营养生长与生殖生长的平衡对于获得高产高效至关重要。如营养生长过旺、秧苗生长过快、易落花落果，同时生长点处于设施高温层时间延长，对于生长点花芽分化不利从而产生恶性循环，影响高产；而生殖生长过旺时，导致植株早衰，缩短了采收期，影响了高产。因此在生产中应对植株进行了合理调整，保持植株营养生长与生殖生长的平衡。

“农大 24”连续坐果能力强，在越夏生产中，亩定植2 100株时，可采用四干留果整枝方式进行植株调整，既在四门斗得上部分叉留四个强壮枝作主干，另外 4 个分枝留一个果和一片叶打顶，从而保证植株营养与生殖生长的平衡。同时辣椒采收时，5～7 月应及时采收，而 7 月底 8 月上中旬，由于棚内温度相对较高，植株易徒长，此时应保证植株挂果2层以上，待最上层果长到18～20厘米左右时采收下部第三层果，以防止植株徒长。

第五篇

病 虫 害 防 治

专题一　生理病害整体现，及时调整可避免

辣椒在生长发育过程中，由于内在因素或因受气象、营养、栽培管理、有害物质等不良环境条件影响，产生各种各样的生理障碍，统称为生理性病害。生理性病害既影响产品的产量和品质，也给菜农造成较大损失，因此在辣椒生产中应加强田间管理，及时根据作物生长情况进行调整。生理性病害主要是因外界因素或管理不当造成，其出现具有整体性的特点，在生产中可根据病状出现的情况判断是否为生理性病害，为帮助广大生产者辨别和防控辣椒生理性病害，特将辣椒常见生理性病害及防控方法见表5-1。

表 5-1　辣椒常见生理性病害及防控方法

病虫害名称	发病时期照片	病症/状	发病时期	发病条件	农业防治	物理防治	化学防治
日灼病	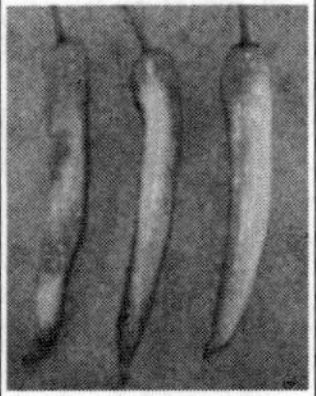	症状出现在裸露果实的向阳面上，发病初期病部褪色。略微皱褶，呈灰白色或微黄色。病部果肉失水变薄，近革质、半透明、组织坏死发硬绷紧、易破裂。后期病部为病菌或腐生菌类感染，长出黑色、灰色、粉红色或杂色霉层，病果易腐烂；叶片具有白色枯死斑点	6 月下旬至 8 月初	高温、光照强度强、无遮阴环境	与玉米等高大作物套种、适当遮阴；采用遮阳网遮阳降温；或采用利凉等新型降温材料喷涂棚膜降温。合理浇水，结果盛期以后，应小水勤浇，上午浇水，避免下午浇水，特别是黏性土壤，应防止浇水过多而造成的缺氧性干旱	覆盖遮阳网、或喷涂利凉遮阳降温	—

（续）

病虫害名称	发病时期照片	病症/状	发病时期	发病条件	农业防治	物理防治	化学防治
脐腐病		初期果实顶部呈水浸状，发病后期果实顶部呈褐色、腐烂	6月中下旬至8月初	钙肥施用量不够或其他原因导致钙吸收困难如高温、干燥、多肥、多钾等	土壤要适于根系的发育，扎根深，能很好地吸收钙。多施有机肥，使土壤中的钙处于易被吸收的状态	—	叶面喷施0.1%～0.2%钙肥，每5～7天喷一次，连续喷3～4次
缺N（氮）		植株瘦小，叶小且薄，发黄、后期叶片脱落	整个生育期	施用有机肥或氮肥少，土壤中含氮量低、浇水多、氮素淋溶多时易造成缺氮，地温低根系吸收能力差	施足底肥、小水勤浇	—	追施氮肥或含氮量高的复合肥如尿素等

（续）

病虫害名称	发病时期照片	病症/状	发病时期	发病条件	农业防治	物理防治	化学防治
缺P（磷）		苗期显症，植株瘦小发育缓慢，成株缺磷，叶色深绿，叶尖变黑或枯死，停滞生长，从下部开始落叶，不结果	整个生育期	施用磷肥不足、过使用钙肥过多影响磷的吸收	施足底肥培肥土壤、施用磷肥；苗期注意增施磷肥	—	叶面喷施0.2%～0.3%的磷酸二氢钾溶液
缺K（钾）		花期显症，植株生长缓慢，叶缘变黄，叶片易脱落，进入成株期缺钾时，下部叶片叶尖开始发黄，后沿叶缘或叶脉间形成黄色麻点，叶缘逐渐干枯，向内扩至全叶呈灼烧状或坏死状；叶片从老叶向心叶或从叶尖端向叶柄发展，植株易失水，造成枯萎，果实小易落，减产明显	整个生育期	除土壤中缺钾外，日照不足，地温低时辣椒对钾吸收减弱，容易缺钾	施用足够的钾肥，特别是在生育的中、后期不能缺钾；施用充足的堆肥等有机质肥料；如果钾不足，可用硫酸钾平均每亩施用15～20千克，一次追肥	—	叶面喷施0.2%～0.3%的磷酸二氢钾溶液，每周喷2～3次

（续）

病虫害名称	发病时期照片	病症/状	发病时期	发病条件	农业防治	物理防治	化学防治
缺 Mg（镁）		先发生于下部叶片。叶片沿着主脉两侧开始黄化，逐渐扩展全叶，但是主脉和侧脉保持绿色	整个生育期	土壤含镁量低，在碱性土壤上，极易出现缺镁现象。在施用氮、钾肥过多时，由于离子的拮抗作用，也会阻止辣椒对镁的吸收。另外，土壤干旱缺水，有机肥不足，都会引起缺镁症状	施用硫酸镁等镁肥 每亩用量约10～20千克。控制氮、钾肥用量。采用少量多次施肥方式，防止过量的氮肥和钾肥对镁吸收的影响	—	用1‰～2%硫酸镁溶液，叶面喷施，每隔5～7天喷1次，共喷3～5次
缺 Fe（铁）		新叶除叶脉外都变成淡绿色，在腋芽上也长出叶脉间淡绿色的叶。下部叶发生的少，往往发生在新叶上	整个生育期	土壤含磷多、pH很高时易发生缺铁。由于磷肥用量太多，影响了铁的吸收，也容易发生缺铁。当土壤过干、过湿、低温时，根的活力受到影响也会发生缺铁。铜、锰太多时容易与铁产生拮抗作用，易出现缺铁症状	当pH达到6.5～6.7时，就要禁止使用碱性肥料而改用生理酸性肥料。当土壤中磷过多时可采用深耕等方法降低含量	—	可用浓度为0.5%～0.1%硫酸亚铁水溶液对辣椒喷施，或用柠檬铁100毫克/千克水溶液每周喷2～3次

（续）

病虫害名称	发病时期照片	病症/状	发病时期	发病条件	农业防治	物理防治	化学防治
缺 Zn（锌）		辣椒缺锌顶端生长迟缓，发生顶枯，植株矮，顶部小叶丛生，叶畸形细小，叶片卷曲或皱缩，有褐变条斑，几天之内叶片枯黄或脱落，叶片上出现随机分布的紫色斑点	整个生育期	光照过强易发生缺锌；若吸收磷过多，植株即使吸收了锌，也表现缺锌症状；土壤 pH 高，即使土壤中有足够的锌，但其不溶解，也不能被作物所吸收利用	不要过量施用磷肥；缺锌时可以施用硫酸锌，每亩用 1.5 千克	—	用硫酸锌0.1%～0.2% 水溶液喷洒叶面
缺 Mn（锰）		顶部新叶呈浅绿色具有棕色小斑点。成熟叶片出现黄色不规则小斑点，随后转变为棕色	整个生育期	碱性土壤，土壤有机质含量低、土壤盐类浓度过高	施足有机肥、科学追肥、少肥勤施	—	用 0.2% 的硫酸锰叶片喷施

专题二　真菌细菌小害虫，勤于观察早发现

辣椒病虫害种类繁多，发生态势又非常复杂，多种病虫可能同时或先后发生，当栽培条件或环境因素变化后，病虫格局也相应变化。这就要求我们在实际防治工作具有准确的辨别能力，且防治过程中必须综观全局，措施配套，病虫兼顾，实行综合防治，同时生产中应勤于观察及时发现，早发现早防治，才能起到更好的防治效果。北方地区辣椒生产中易发生病虫种类主要有以下几种（表 5－2）。

表 5-2　北方地区辣椒生产中易发生病虫的种类

病虫害名称	发病时期照片	病症/状	发病时期	发病条件	农业防治	物理防治	化学防治
猝倒病		秧苗基部靠近基质部位出现水渍状，后基部缢缩，秧苗倒伏	出苗后子叶展开至 3 片真叶前	地温 10℃可发病,发病适宜地温 15～16℃，高于 30℃时发病受抑制。苗床最易积水或棚顶滴水处，常最先出现发病中心	控制棚内相对湿度，播种前对育苗基质进行彻底消毒育苗时经常用手轻拨秧苗，及时发现病株	—	基质用 100 克/吨多菌灵、百菌清消毒基质、出苗后子叶展开前用 600～800 倍液普力克进行灌根
青枯病		发病初期植株顶部叶片萎蔫下垂，并逐渐向下蔓延，白天萎蔫夜晚恢复正常，2～3 天后植株全部死亡，但仍保持绿色，近地面颈部皮层呈褐色水浸状，横切颈部可见维管束变褐	一般苗期不发病，坐果期开始发病	10～41℃均可发病，35～37℃最适宜发病。气温达到 20℃以上时开始发病，地温超过 20℃发病严重	进行轮作，小水勤浇、采用抗病砧木进行嫁接、发病后不可大水漫灌，防止病原随水扩散，导致病害大面积传播	—	苗期采用 600～800 倍液普力克灌根，发病后可采用 77%可杀得 600 倍液、青枯立克 1 000 倍液，硫酸链霉素 800 倍液进行灌根防治

（续）

病虫害名称	发病时期照片	病症/状	发病时期	发病条件	农业防治	物理防治	化学防治
疫病		植株萎蔫、叶片脱落、茎基部韧皮部发褐、易脱落，湿度大时有白色菌毛生出	6月中旬至7月中旬	高温高湿环境下易发病	选择排水良好地块；整地做畦要做到地势平坦、畦面平整不存水；培育无病壮苗、苗期曾发生猝倒病秧苗尽量不用，降低棚内相对湿度，单次浇水量不宜过大。发病后不可大水漫灌以防病原扩散，及时拔除病株连同根系土壤一起深埋	—	采用杜邦克露，铜制剂（如乙醛酸缩基氨硫脲铜等），银法利等药物防控

（续）

病虫害名称	发病时期照片	病症/状	发病时期	发病条件	农业防治	物理防治	化学防治
病毒病		叶片皱缩、花叶；危害严重时果实、茎秆出现褐色坏死条状病斑，主要为烟草花叶病毒病	6月中旬至8月上中旬	高温干旱，夏季光照强、无遮阳的环境易发病	选用抗病或耐病品种；采用10%磷酸三钠浸泡种子30分钟，或干种子采用70℃高温处理；培育无病适龄壮苗；加强田间管理，增强植株对病害的抗性；及时拔除病株、注意防白粉虱、烟粉虱、蚜虫等虫害	风口及门口位置覆盖50目以上防虫网、棚内悬挂黄板、篮板	喷施NS-83增抗剂；接种CMV-S52弱病毒疫苗

（续）

病虫害名称	发病时期照片	病症/状	发病时期	发病条件	农业防治	物理防治	化学防治
蚜虫、白粉虱（虫害）		危害叶片褪绿、变黄，分泌的蜜露严重污染叶片，引起霉污病发生生长点受损	4～7月 9～11月	适宜发生温度15～25℃，空气相对湿度小于7%	搞好田间卫生，棚室周边要做到无杂草、防止害虫孳生	采用防虫网覆盖防风口及进出口防治虫的迁移，同时棚内距植株生长点5～10厘米高度悬挂黄板，每5米1块进行诱杀；如有条件也可采用银灰膜进行驱避害虫	可采用敌杀死800倍液进行药剂防治，结合1 000倍液尿素混合喷施可有效提高药效。熏烟防治：可采用敌敌畏烟熏剂每亩6～8个进行熏杀

（续）

病虫害名称	发病时期照片	病症/状	发病时期	发病条件	农业防治	物理防治	化学防治
茶黄螨（虫害）		最早发生于植株上部嫩叶，叶片增厚僵硬、叶正面绿色、背面茶褐色或灰褐色、具有油渍状光泽或油浸状	6～8月	最适宜发生温度16～23℃，相对湿度80%～90%，温暖、高湿环境下易发生	搞好田间卫生，棚室周边要做到无杂草、防止害虫孳生	—	可用73%的克螨特1 000倍液、25%灭螨锰1 200倍液、20%复方浏阳霉素1 000倍液。每隔7～10天喷一次，连续喷洒3次左右。喷药的重点是植株上部，尤其是幼嫩的叶背和嫩茎，对田间发病重的点或株加大喷药量

（续）

病虫害名称	发病时期照片	病症/状	发病时期	发病条件	农业防治	物理防治	化学防治
红蜘蛛（虫害）		危害初期叶片为灰白色，严重时变锈褐色，造成早落叶，果实发育慢，植株枯死	4～5月	温度在28℃左右，湿度35%～55%，最有利于红蜘蛛发生	搞好田间卫生，棚室周边要做到无杂草、防止害虫孳生	—	红蜘蛛点片发生初期，立即用73%克螨特乳油3 000倍液，20%增效哒螨灵2 500～3 000倍液防治

附录　辣（甜）椒嫁接育苗技术规范

1. 对温室环境条件的要求

①具有良好的通风透光性；
②水、电齐全；
③具有防虫网等预防病虫害的基础条件。

2. 不同茬口嫁接时间

越冬一大茬：
播种期：
砧木：8 月 10 日～15 日　接穗：8 月 12 日～17 日
嫁接时间：9 月 15 日～20 日（视秧苗生长速度而定，一般秧苗长至 4、5 片叶开始嫁接）
冬春茬、早春茬、越夏一大茬：
播种期：
砧木：12 月 10 日～15 日（平原地区）
　　　11 月 30 日～12 月 10 日（冷凉山区）
接穗：12 月 13 日～18 日（平原地区）
　　　12 月 3 日～13 日（冷凉山区）
嫁接时间：1 月 25 日～30 日（平原地区）
　　　　　2 月 5 日～10 日（冷凉山区）
（注：嫁接时间需视秧苗生长速度而定，一般秧苗长至 4、5 片叶

开始嫁接）

3. 嫁接前准备

所需物资准备：

嫁接夹（圆口）、遮阳网、地热线、竹竿、旧棚膜、刀片、温湿度计、百菌清、空穴盘。

嫁接苗床及秧苗准备：

苗床准备：用竹竿、旧棚膜、搭建放置嫁接秧苗小拱棚，上部覆盖遮阳网（夏季 3 层以上、冬季 2 层），下部铺设地热线（冬春茬时使用），采用 800～1 000 倍液百菌清溶液进行消毒。

秧苗准备：嫁接前 4～5 天采用 800～1 000 倍液百菌清溶液将砧木、接穗进行消毒处理，同时在嫁接前 1 天将砧木、接穗浇透水。

4. 嫁接方法及注意事项

嫁接方法：劈接法

当砧木长至 5～6 片叶时，砧木保留 2 片真叶横切、去除生长点、再从茎中间纵切 0.5 深（切到半刀片上部边缘位置）切口；接穗先保留 4 片真叶横切、然后用刀片将底部 2 片真叶横切各留一半叶片，再用刀片成 45°将两侧削成楔形（大小与砧木切口一直，同时注意尽量一刀削成，避免反复削对切面伤害有利于愈合）然后将消耗的接穗插入砧木内，用嫁接夹固定即可。

嫁接方法：贴接法

当砧木长至 5～6 片真叶、茎粗 0.6 厘米左右时进行嫁接，砧木苗下部留两片真叶，削成呈 30°的斜面，切口斜面长 0.6～0.8 厘米；然后取接穗苗，保留 2～3 片真叶，下部同样斜切成 30°斜面，尽量与砧木的接口大小接近，将削好的接穗苗切口与砧木苗的切口对准贴合，用嫁接夹固定。

5. 嫁接后管理

嫁接后马上将苗移入小拱棚，用遮阳网覆盖小拱棚，前 3 天完全遮阴、保持相对湿度在 90%～100%（注相对湿度小、温度过高时可在小拱棚地面喷水，但不可喷到秧苗上以防止伤口感染），温度白天 25～28℃，夜晚 18～20℃，不能低于 15℃。3 天后，逐渐揭去遮阴物，并早晚进行适量通风；5～7 天后只有中午和下午强光时适当遮阴，并逐渐延长通风时间和增大通风量，但相对湿度仍保持在 80%～85%。嫁接后 10 天左右嫁接苗成活，进行完全通风透光，转入正常管理。

6. 嫁接壮苗标准

秧苗株高为 15～20 厘米，茎粗 0.5 厘米以上，6～8 片真叶，根系发达、发白、无病虫害，越冬一大茬日历苗龄在 50 天左右，冬春茬 70～90 天。

参 考 文 献

刁瑛元．1986. 从气候条件看延庆县发展夏季蔬菜生产的潜力［J］．蔬菜（3）．

范晓辉，王麒翔，王孟本．2010. 山西省近50年无霜期变化特征研究［J］．生态环境学报，19（10）：2393－2397.

刘汉宇，等．2009. 不同季节辣椒穴盘育苗基质配比对种苗质量的影响［J］．辣椒杂志（3）．

刘建伟，张丽红，王帅．2010. 大棚春提前辣椒品种比较试验［J］．华北农学报．

王旭，吴晓磊，等．2011. 密云县日光温室冬春茬辣（甜）椒品种比较试验［J］．华北农学报．